从风车到太阳能的
发明
10

大能源与材料发明

嘉兴小牛顿文化传播有限公司　编著

四川大学出版社

SICHUAN UNIVERSITY PRESS

U0251960

项目策划：唐　飞　王小碧
责任编辑：唐　飞
责任校对：林　茂
封面设计：呼和浩特市经纬方舟文化传播有限公司
责任印制：王　炜

图书在版编目（CIP）数据

从风车到太阳能的发明：10大能源与材料发明 / 嘉
兴小牛顿文化传播有限公司编著． — 成都：四川大学出
版社，2021.4
　　ISBN 978-7-5690-4116-3

　　Ⅰ．①从… Ⅱ．①嘉… Ⅲ．①创造发明－世界－少儿
读物 Ⅳ．① N19-49

中国版本图书馆 CIP 数据核字（2021）第 001329 号

书名　　从风车到太阳能的发明：10大能源与材料发明
　　　　CONG FENGCHE DAO TAIYANGNENG DE FAMING: 10 DA NENGYUAN YU CAILIAO FAMING
编　　著　嘉兴小牛顿文化传播有限公司
出　　版　四川大学出版社
地　　址　成都市一环路南一段24号（610065）
发　　行　四川大学出版社
书　　号　ISBN 978-7-5690-4116-3
印前制作　呼和浩特市经纬方舟文化传播有限公司
印　　刷　河北盛世彩捷印刷有限公司
成品尺寸　170mm×230mm
印　　张　5.5
字　　数　69千字
版　　次　2021年5月第1版
印　　次　2021年5月第1次印刷
定　　价　29.00元

◈ 读者邮购本书，请与本社发行科联系。
　 电话：(028)85408408/(028)85401670/
　 (028)86408023　邮政编码：610065
◈ 本社图书如有印装质量问题，请寄回出版社调换。
◈ 网址：http://press.scu.edu.cn

四川大学出版社
微信公众号

编者的话

在现今这个科技高速发展的时代，要是能够培养出众多的工程师、数学家等优质技术人才，即能提升国家的竞争力。因此STEAM教育应运兴起。STEAM教育强调科技、工程、艺术及数学跨领域的有机整合，希望能提升学生的核心素养——让学生有创客的创新精神，能综合应用跨学科知识，解决生活中的真实情境问题。

而科学家是怎么探究世界解决那些现实问题呢？他们从观察、提问、查找到实验、分析数据、提出解释等一连串的方法，获得科学论断。依据这种概念，"小牛顿"编写了这套《改变历史的大发明》——通过人类历史上80个解决问题的重大发明，以故事的方式引出问题及需求，引导孩子思索蕴藏其中的科学知识和培养探索精神。此外，我们也

希望本书设计的小实验，能让孩子通过科学探究的步骤，体验科学家探讨事物的过程，以获取探索和创造能力。正如 STEAM 最初的精神，便是要培养孩子的创造力以及设计未来的能力。

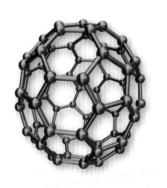

这本书里有……

📖 发明小故事

用故事的方式引出问题及需求，引导我们思索可能的解决方式。

科学大发明

以前科学家的这项重要发明，解决了类似的问题，也改变了世界。

⌛ 发展简史

每个发明在经过科学家们进一步的研究、改造之后，发展出更多的功能，让我们生活更为便利。

💡 科学充电站

每个发明的背后都有一些基本的科学原理，熟悉这些原理后，也许你也可以成为一个发明家！

✋ 动手做实验

每个科学家都是通过动手实践才能得到丰硕的成果。用一个小实验就能体验到简单的科学原理，你也一起动手做做看吧！

目　　　录

1 我能利用风的力量吗？……………………………………02

2 如何轻松地从河中取水呢？……………………………10

3 如何让泥土变得坚硬有形呢？………………………18

4 要怎么把电能储存起来并稳定供电呢？…………26

5 用什么方法可以产生电呢？……………………………34

6   可以用阳光代替燃油或电吗？ ·························42

7   什么物质柔软耐磨又有弹性呢？ ·····················50

8   有什么材料可以替代象牙呢？ ·······················58

9   有轻柔又不易破损的衣服材质吗？ ···················66

10   壁虎脚掌和莲叶上有什么秘密？ ·····················74

我能利用
风的力量吗？

罗姬是生活在美国俄克拉荷马州的小女孩，从小就常常听祖母说龙卷风的可怕，只要是龙卷风经过的地方，所有东西都被风吹上天空。罗姬的祖父就是在一场无情的龙卷风中丧生的。

听了祖母说的故事，罗姬对于龙卷风充满了恐惧，龙卷风真的有这么大的力量吗？在罗姬十岁的那一年春天，她生平第一次遇到了龙卷风。那天上午原本是个蓝天白云、微风吹拂的美好天气，可是到了中午，天空突然乌云密布，农场上空的黑云像海浪一样汹涌翻腾，怒吼的风声

盖过了所有的声音，谷仓上的风标像陀螺般地疯狂旋转。罗姬吓得躲回屋子旁的磨坊，她从窗边望向远处，看见一条"巨蛇"从天上翻腾的黑云中伸出来，原来这就是祖母说的龙卷风。

罗姬目不转睛地盯着这条空中的巨蛇，看到巨蛇所经之处，树木被连根拔起，房屋也被吹倒了，就连牧场上的牛羊都被卷上了天空。

这时候，罗姬的脑中突然浮现一个想法——既然龙卷风的力量这么强大，连好几百斤的牛都可以吹飞，如果有办法利用"风"的力量，那不就可以帮祖母做好多粗重的农场工作吗？

罗姬第一个想到的是她经常玩的风筝。她把风筝系在磨坊外的拖拉车上，发现风大的时候，拖拉车就会被风筝拉着走。如果可以利用风的力量，人们就不用费力拉车运送粮食了。

虽然罗姬觉得这个想法很棒，可是她发现，风吹的方向不是她可以控制的，拖拉车也就没办法被风拉到她想去的地方。罗姬有点失望地走回磨坊，昏暗的光线让她不小心撞上了石磨的把手。她猛然想到，如果风的力量可以拉动车子，一定也可以拉动石磨，这样就可以利用风的力量来磨碎粮食，她心爱的小毛驴也不用整天辛苦地拉磨了。

只是要怎样让这飘忽不定的风，转变成可以控制的力量呢？罗姬走出磨坊，望着谷仓上的公鸡风标发呆，突然她灵光一闪，虽然风的方向一直改变，但是公鸡风标上的风杯却可以随着变化的风向转动，这比被风吹来吹去的风筝容易控制多了。于是罗姬决定去请教镇上的山姆叔叔，他可是位木工与机械高手呢！

山姆叔叔听了罗姬的想法，笑呵呵地夸赞罗姬是个很会动脑筋的孩子。山姆叔叔告诉罗姬，公鸡风标上的风杯和小

孩玩的小风车很像，都可以捕捉风的力量，所以有风的时候就会转动。但是风杯和小风车的扇片都太小了，如果要捕捉更多的风力，就需要更大的风扇叶片。

　　山姆叔叔利用木材切割出又大又薄的叶片，再把它们像风车玩具一样组装起来。但这样还不够，山姆叔叔在大风车后面安装了一个竖齿轮和一个横齿轮，再把齿轮安装到石磨上。风来时，风车叶片呼呼地旋转着，在下面的石磨也跟着转动了起来。罗姬高兴地跳了起来，她打算要利用风的力量做更多省力的工具呢！

科学大发明——风车

在地球万物漫长的演化过程中，人类在体型、力量和速度等方面都比不过很多动物。人类的力量远比不过大象，奔跑速度也输狮子或老虎一大截，但是为什么人类可以成为地球上最具优势的物种呢？其中一个重要原因就是人类会发明工具以及善用大自然的力量。

早期的人类和其他动物一样，都是靠自己的能力，在竞争激烈的自然界中辛苦谋生。后来人类开始驯养牛马，利用牛和马的兽力，帮我们耕田、拉犁、运送重物，让人们省下了不少辛苦繁重的体力劳动。

不过，牛和马等兽力虽然力量比人大，但是牛马也需要休息，没办法长时间地工作。有时候它们也会生病，甚至闹脾气不工作。所以聪明的人们就想到利用大自然中的力量——风力。

人们懂得利用风力最早可能追溯到公元前 3500 年，当时的埃及人就发明了风帆来捕捉风力，帮助船只在海上航行。中国也很早就有使用风力的记录，在东汉末年的墓室壁画中发现了风车的图像。

公元 500 多年后，波斯人利用茅草、木头和土墙，建造出比较大型的风车，这可能是最早的风车。

他们用木头做出直立的骨架，再将茅草绑在木架上形成扇片，用来捕获风力。由泥土堆砌的墙面配合当地风向，更有效地引导气流，让扇片转动得更快。风车的下方就是磨坊，扇片的直立轴承连在石磨上，所以当气流通过风车时，转动的轴承拉动石磨，就可以利用风力压磨谷物了。

随着时代的演进，风车的形式也越来越多，捕捉风能的效率也越来越高，不过现在风车的用途已经和以前大不相同了，现代的风车主要是用来发电，过去用来磨麦和抽水的传统风车几乎都被现代的机械取代了。

现代的风车多用在风力发电上。这种垂直轴风力发电的扇叶和转动轴与风向垂直，可以捕捉各处方向来的风，不必随风向改变而调整方向。

约 6 世纪

波斯人利用茅草、木头和土墙，建造出直立型的风车，主要用途是压磨谷物。

约 12 世纪

风车传入欧洲，欧洲各国皆加以改良，成为欧洲中世纪重要的动力来源。

公元 1854 年

美国康涅狄格州的丹尼尔·哈拉迪发明了抽水用的风车。随着工业革命后的技术进步，抽水风车也从木制升级到铁制，耐用度和抽水能力都大幅提升。

20 世纪

风车的功能从传统的磨麦和抽水，逐渐转向发电的领域。风能已经成为重要的绿色能源之一。

科学充电站

风车是怎么利用风力产生动能的？

　　风是流动的空气，具有动能，越强的风具有的动能越强。风车就是利用扇片、轴承和齿轮等机械装置，将风的动能转变成机械能，这样就可以把地底下的油或水抽到地面上来，还能用来推动石磨。

　　我们可以用风车玩具来模拟风车的原理，把风车玩具的转轴先套上一个齿轮，再拿另一个齿轮，垂直卡在转轴的齿轮上，这样风扇在转动时，就会带动齿轮。最后把机械装置连接在驱动轴上，这样就可以利用风力来使机械装置运转了。

风车内部构造图

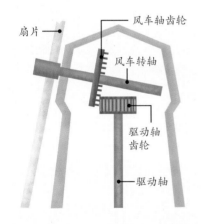

扇片
风车轴齿轮
风车转轴
驱动轴齿轮
驱动轴

　　现今风力主要被运用在发电领域，把风车接到发电机上，由风力转化为电力。因为地球的温室效应越来越严重，相较于燃烧燃料产生的二氧化碳排放与空气污染，风能是清洁的绿色能源。

　　不过风力发电也是有缺点的，风扇转动时会发出噪音，影响居民生活；另外鸟类也可能在飞行时撞上风扇而受伤或死亡。为了防止风车在风力发电时被吹坏，碰到龙卷风或台风时，反而要开启刹车装置，阻止扇片转动。

摇曳风摆

风的力量让风车转动产生动能，帮助我们完成许多工作。我们也可以利用风的力量做出一个有趣的风摆玩具。

把衣夹夹在与地面垂直的薄板上，如窗框。使吸管和地面垂直，再把吸管的上端往外弯。只要风一吹，风摆就会摆动哦！

材料

衣夹

胶带　　　螺丝钉

大头针

尺

可弯吸管

步骤

1 用胶带在螺丝钉上缠绕几圈，再塞入可弯吸管比较长的一端。螺丝钉只塞一半，留半截螺丝钉在外面。

2 将这根吸管平放在一把立起来的尺上，并移动吸管的位置找出平衡点。

3 在平衡点上垂直插入一支大头针，针尖只要露出一点点。

4 将吸管上有螺丝钉的一端放在衣夹尾端两孔之间，吸管上的大头针伸入其中一个孔，再由另外一个孔伸入一支大头针，紧靠着前一支大头针插进吸管，如图所示，针尖只要露出一点就可以。

如何轻松地 从河中取水呢？

小龙住在上海，从小就是个哈利·波特迷。他12岁生日时，妈妈特地带他坐飞机，飞越了半个地球去英国的哈利·波特影城游玩，小龙简直乐翻了。小龙原本还想去搭乘英国最有名的摩天轮——伦敦眼，没想到当天摩天轮竟然停电了。

小龙好失望，望着那矗立在河旁的高大摩天轮，心里想着，要怎么让摩天轮转动起来呢？

小龙坐在泰晤士河旁，看着一艘又一艘的船只经过，再望着动也不动的摩天轮，突然间，他的脑中浮现了一个奇妙的点子——如果有一

位巨人，可以把摩天轮举起来，放进泰晤士河中，那么流动的河水不就可以推动摩天轮，让摩天轮转动起来吗？

小龙想起在乡下的姥姥家附近，经常可以看到邻居水田旁的小河上，有个车轮一样的东西会随着水流转动，就好像车轮在水面上跑一样。姥姥说那叫作水车，利用河流的力量，让水车转动，可以自动把河水舀到旁边的田地，灌溉非常方便。

可是姥姥的田地位置比较高，没有紧邻河流，没办法使用像车轮一样的水车，所以姥姥还得辛苦地到

河边挑水。姥姥的年纪越来越大，小龙很想发明一个不一样的水车，可以把河水运送到姥姥家高处的田里。

小龙是个想象力非常丰富的孩子。他想起昨天和妈妈去逛伦敦最有名的哈洛德百货公司，里面真是富丽豪华，服务人员特别介绍，世界上第一座电动扶梯就是在这家百货公司亮相的。

小龙想到，既然长长的电动扶梯可以载人，那为什么不能载水呢？只要把电动扶梯的下半截放入河中，再将原本站人的水平踏板改成倾斜的，或是设计成可以盛水的凹槽，应该就可以把水从一楼往二楼运送了，而且只要电梯扶梯够长，还能把水送往更高的三楼、四楼……姥姥家高处的田地，就不愁取水灌溉了！

小龙得意地把这个点子告诉妈妈，妈妈微笑地夸赞他的创意："这个方法是很棒，可是问题来了，住在乡下的姥姥，田地附近是没有电力的。所以就算小龙设计出像电动扶梯的装置，也没有电可以让它动起来，就像现在停电中的摩天轮一样，一动也不动。"

小龙有点沮丧，没想到这么棒的想法竟然遇上了大难题，没有电该怎么办呢？他在街道上来回踱步，思考着怎么解决这个问题。突然间，一位脚踏车骑士从他身旁疾驰而过，差点撞上他。他虽然被吓了一大跳，但是灵感也跟着从脑海跳出来了。

　　看着远去的脚踏车，小龙想到，脚踏车和电动扶梯的机械结构很相似，都是利用齿轮和轮轴来传递力量。既然脚踏车可以用人力踩动，电动扶梯一定也可以，只要想办法把电力驱动改成人力驱动就好了。这样的话，在没有电力的乡下，农夫只要像踩脚踏车一样，就可以让"送水扶梯"把水从河中运送上来了，上了年纪的姥姥不用再辛苦地挑水喽！

科学大发明——水车

在我们的日常生活中，煮饭、洗衣与农田灌溉都需要水。早期没有自来水，挑水是十分辛苦的事，因此人们都喜欢在河流附近生活。从世界的文明发展历史就可以看得出来，大多数的文明都是在有河流的地方开始发展的，比如中国的黄河流域和西亚的两河流域等。

水车的发明可以追溯到很久以前，人类发展农业引水灌溉田地，或是把沼泽地的积水抽干。如果只靠人的力量，一勺一勺地舀水，实在费时又费力，所幸人们懂得利用大自然的力量。在中国的东汉时期，就已经有了水车的正式文献记载；欧洲的希腊与罗马也同时都有水车的发明与运用的记载。

把形状像车轮一样的装置放入河中，流动的河水就会让轮轴转动起来，车轮内的盛水凹槽就可以把水从河中舀上来。当河水流动缓慢时，也可以利用装设在轮轴上的铁钩和木柺，用人力加速转动水车，让舀水的速度更快一些，在古代中国，称为"刮车"。

随着工业技术的进步，除了垂直而立的车轮外，也有将车轮放入河中的设计，就像是现代的叶片，让水流冲击滑轮叶片，带动一连串的轮轴和齿轮，用来推磨或是拉动冶金的鼓风箱。

引用河水推动水车，利用水的力量来打铁。

把竹筒装在转轮上来盛水的水车，称为"筒车"。这种水车和前面提到的两种水车都有个缺点，就是只能设在河边，没有办法把水引到比较高的地方。因此，聪明的人们又发明了"龙骨水车"，龙骨水车有比较长的输水渠道，可以靠人力踩踏或是兽力，把水拉抬到比较高的地方。即使到了现代，许多农村都还在使用龙骨水车，它的样子除了像龙骨外，是不是也很像在百货公司看到的电梯扶梯呢，只是它运送的不是人，而是水。

由于水车具有长木制链条，看起来像龙的骨架，因此被称为"龙骨水车"。"龙骨水车"通过人力踩踏或手拉的方式，龙骨水车能从5米以下的低处汲水至高处。

3000 多年前

发现在古埃及壁画上有描述一个埃及人用吊车取水的画面。可以由一个人轻松操作，把水从低处取上来。

约 3 世纪

三国时代，魏国人马钧将东汉毕岚的水车进行改良，设计出这种新式汲水工具。

约 16 世纪

明朝时，兰州人段续辞官还乡后，请工匠建造出十几米高的超大型水车，解决当地旱季水源不足的问题。

1878 年

现代水力发电则是利用水力来产生的，水力发电厂里的发电机靠着水流推动涡轮机转动来发电。

水力怎么转化成电力？

　　水是生命之源，但水往低处流的现象曾经让挑水成为人类日常生活中最辛苦的工作。

　　善用工具的人类当然想找出轻松一点的方法取水，因此水车就应运而生了。除了常见到建立在岸边的水车形式外，在河水水位随季节变化非常大的地区（枯水期水面甚至低到让水车悬空），有人直接把水车装设在船屋旁，这样船和水车就会随着水面一同变化高度了。

　　龙骨水车也是祖先智慧与工艺技术的结晶，利用齿轮转动与斜面原理，让农夫可以克服地形落差，用比较省力的方式将水提取到地势较高的地方。

　　随着电动马达和抽水机的发明，传统的水车功能几乎都被取代了，不过水车原理的运用从未消失。例如三峡大坝的水力发电利用长江水的动能与势能，一年可以产生出约 1000 亿千瓦时的电能。另外，还有一种新科技，就是潮汐发电。利用海水的自然涨潮和落潮，挤压连接水管内的水，进而推动涡轮机转动，就可以发电。

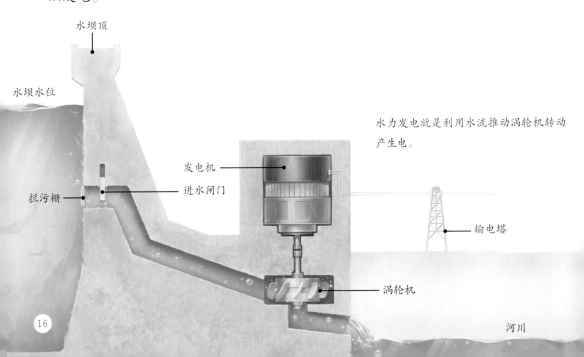

水坝顶

水坝水位

水力发电就是利用水流推动涡轮机转动产生电。

发电机

进水闸门

拦污栅

输电塔

涡轮机

河川

自制水车

水车是利用水的动能来运转执行工作，我们也做一个水车来玩玩吧！

将车轮放进剪裁后的盒中，竹签两侧插入凹槽里，水车就完成了。让水直接冲在车轮上，水车可以转动很快呢！

材料

牛奶盒

竹签

剪刀

胶带

步骤

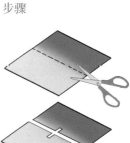

1 先将牛奶盒剪成两条宽 5 厘米、长 10 厘米的长条，纸条长度要比牛奶盒小。再将两张纸片的中间处剪开一半。

2 将两张纸片中间剪开处互相交错，形成一个十字交叉。

3 竹签用胶带粘在中间十字交叉处，再用厚纸剪两个直径 10 厘米的圆，中间钻洞让竹签穿过，使两圆固定在十字两侧，形成车轮。

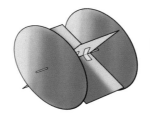

4 将牛奶盒裁开一半，高度至少超过 12 厘米，并且剪开一边，盒子中间处则剪开两个深 2 厘米的凹槽。

17

如何让泥土变得坚硬有形呢？

公园里的沙坑是小美最喜欢玩耍的地方，她常和其他小朋友一起用沙子堆城堡。有一天小美和朋友们努力了一个上午，终于堆出了一座漂亮的"新天鹅堡"，就像童话故事中公主住的城堡一样。小美高高兴兴地跑回家，打算中午吃过饭后，带着妈妈去公园看她的杰作。没想到出门前，天空突然下了一场大雨，小美和妈妈只好撑着雨伞去公园。

到了公园，眼前的景象让小美好难过，原本美丽的城堡，淋过雨之后竟然变成了一大块沙堆，根本就看不出城堡的样子。回家之后，

小美想了想，沙子的颗粒细小又松软，虽然加了一点水之后可以暂时堆砌起来，可是遇到大雨，一下子就塌了。小美想起爸爸曾经带她去看海边的沙雕展览时，现场的解说员告诉她，那些沙雕是用沙子混合了胶水堆起来的，所以黏性比较高，下雨也不会坏。不过沙雕不能大力触碰，曾经有位群众的小狗大闹展览场，把好多沙雕都弄坏了。

小美觉得，沙子就算加了胶水，也还不够坚固。到底用什么材料来盖城堡才好呢？小美走到院子外，看到池塘边的黏土，她决定试试看。她先用黏土捏出城堡的形状，想晒干之后黏土应该会变硬，这样说不定会比沙子城堡坚固。不出小美所料，黏土在太阳下果然变坚硬了，可是表面出现了好多裂缝，用手指刮一下，黏土还会整块脱落下来，根本没有比沙子好多少。

小美失望地走回家，闻到好香的味道，原来是妈妈正在厨房做饼干。小美发现妈妈用面粉做出来的面团都是软软的，就和她的黏土城堡一样。可是小面团在放入烤箱高温烘烤一阵子后，原本软软的面团竟然变成了形状固定又坚硬的饼干。小美灵机一动，黏土如果也用高温来烘烤，会不会也变得坚硬呢？

小美马上捏了一个黏土小人，迫不及待地想要把它放进妈妈的烤箱里。可是妈妈却微笑地摇摇头说："厨房的烤箱是设计用来烘烤食物的，温度最高只有摄氏两百多度。如果要把黏土变成像陶瓷或是酒缸一样坚硬，温度至少需要摄氏八九百度，家里腌制酱菜和装酒的陶缸都是在专门的窑厂烧制出来的。"

隔天妈妈带着小美到镇外的一家窑厂，师傅们先将黏土加点水，调和成软软滑滑的样子，就好像妈妈做的面团一样。接着师傅把黏土放在一个叫作陶轮的圆盘上，当圆盘旋转的时候，师傅就用双手慢慢地把陶缸的形状给做了出来。稍微干燥之后，坯体就被放入窑中，再用大火烧制。师傅笑着对小美说："现在就等窑火烧完，慢慢冷却后，就大功告成了！"

烧窑的师傅还说："可别小看泥土，只要浴火之后，就会变得坚硬无比喔！老房子屋顶的屋瓦以及水缸和酒缸，甚至著名的秦始皇陵兵马俑也都是这样制作出来的呢！"

小美听了之后也迫不及待地想要尝试。在老师傅的指点下，小美做出一个小碗，放入窑中烧制。几天之后，老师傅说小美的作品已经完成了，小美来到窑厂看着自己制作的碗觉得很开心，这样自己做的成品可以一直保存下去。

科学大发明——陶瓷

一般认为约 2.9 万年前，人类学会用火把柔软有延展性的黏土转变成一种坚硬的东西，这种东西被称为"陶"。我们的祖先把地上的黏土捏成想要的形状，再放到火中烧制后，黏土就会坚硬定型，第一批陶像是在今天的捷克发现的，隔了一段很长的时间后，人类才做出盛装谷类和水的陶罐。

经过长时间的传承，陶器的制作除了实用的考量外，也增加了外在的美观性，新石器时代的代表文化，有彩陶文化和黑陶文化。彩陶文化形成于大约六七千年前，陶器呈土红色或黑色，上面彩绘着黑色或白色的纹饰，有漩涡形也有锯齿形。黑陶文化形成于大约 4600 年前，陶器多半是黑色，薄得像蛋壳，并带有光泽。

到了我国唐朝，陶器表面已经有了非常美丽的颜色，而且成品不局限于碗盘、瓦罐等日常用的器皿。唐朝人用陶土制作成栩栩如生的人、马、兽等动物像，

再加上华丽的色彩，让人看了爱不释手，后来就称这时期的陶器为"唐三彩"。三彩就是色彩很多、很丰富的意思。

宋朝时，工艺艺术品以陶瓷为代表。当时中国的瓷器相当有名气，经由贸易传入中东、东南亚以及欧洲各地，受到众人的喜爱。17世纪时，精致、美丽的瓷器在欧洲成了时尚的器皿，欧洲人以拥有中国瓷器为傲，从此瓷器成了中国的文化艺术，传播到世界各地。

陶瓷在过去农业社会是实用的生活器皿，不过自从塑料和金属制品大量出现之后，陶瓷多半已转入了艺术的领域。在今日的科技发展中最具潜力的就是"陶瓷仿生学"和"超导陶瓷"。或许在不久的将来，陶瓷将再次扮演推动人类文明大步前进的重要角色。

发展简史

公元前2.9万年

目前发现的最古老的陶制品是欧洲格拉维特文化的爱神维纳斯雕像。

7000年前

中国最早的陶器文化是新石器时代的彩陶文化。

8世纪

唐三彩是唐代盛行的一种釉陶，色彩主要有黄、绿、白三种颜色，至今仍驰名中外。

11世纪

宋代开始，景德镇成为瓷器重要的生产地，也是景德镇陶瓷生产的辉煌时期。所产的青瓷和白瓷具有较高的艺术品位和历史价值，对古今中外的影响都非常大。

科学充电站

黏土怎么做成陶瓷？

黏土可以说是人类利用火，将其转变成新材料的第一种物质，但当时的人类并不了解其中的化学原理。我们现在可以利用电子显微镜揭开黏土的面纱，发现黏土是由很薄的"晶体板"所组成的，薄板之间的空隙则都是水，这让薄板能够轻易地滑

电子显微镜下的黏土结构

动，所以黏土具有可塑性。当黏土被烧制时，水分蒸发，薄板间的原子形成键结，就像是把薄板锁在固定的位置，因此黏土就从原本的软滑变得坚硬，这就是陶器与瓷器制作的基本原理。

陶器和瓷器有什么不同？首先是烧制的温度不同，瓷器烧制的温度较高，通常在摄氏1200度以上，陶器则较低，约摄氏900度即可。其次是原料差异，一般的黏土都可以烧制成陶器，但瓷器就需要特定的土壤，如高岭土。

瓷器的硬度比陶器大，且具有透明度，陶器则不具透明性。另外，瓷器的吸水率小，陶器因为气孔较多，吸水率超过10%。正是因为陶器的透气性较好，所以有些酒类都偏好使用陶器来储存。外面的空气会透过微小的气孔进入陶缸内，和里面的酒中物质发生缓慢的化学作用，所以酒放越久就越香醇。

科学家改善陶瓷易碎的缺点，改善制作技术并提高强度，做出精密陶瓷。由于精密陶瓷具有原本陶瓷隔热、绝缘、耐高温等特性，因而成为航天飞机外壳的最佳材料。

软陶磁铁

将陶土捏成你喜欢的形状后拿去烘烤，就可以做成陶瓷作品呢。我们也来动手试试吧。

把做好的陶土磁铁放在黑板上或冰箱上做装饰吧。

步骤

材料

软陶土

磁铁

强力胶

1 先用黏土捏成一个球，把它稍微压扁再从中间分开。再用另一种颜色的陶土做出头部。

2 捏出好几块小陶土做成小圆，贴在身上作为斑点。再捏出两只眼睛，以及六条腿，完成瓢虫的模型。

3 放进烤箱烘烤成型。烤箱先预热10分钟左右，烘烤温度设为摄氏130度，再把作品放进去烘烤10-20分钟（根据作品大小厚薄而定）。

4 烘烤时间到了后，等烤箱自然降温至室温再将作品取出，模型就会硬化坚固。将磁铁用强力胶粘在烤好的陶土上，就完成陶土磁铁作品了。

怎么把电储存起来并稳定供电呢？

伏特从小就对自然科学很感兴趣，下决心将来要成为一位科学家。如今他已经实现了儿时的理想。

伏特对暴风雨中轰隆作响的雷声和闪亮的电光感到非常好奇，但当时没有太多关于电的研究，因为没有人知道该怎么取得电，更别说是拿来研究了。后来，他听说有人将摩擦皮毛产生的静电收集在瓶子里，甚至有人用同样的方法收集了

天上的闪电，证明了天上的闪电和静电是同一种东西。要是能把天上的闪电也收集起来，想要研究的时候就能拿出来用，该有多好。只是收集闪电非常危险，他听过有人因此被电死，而且能收集的量非常少，不足以做研究。究竟该怎么做呢？用什么样的东西才能把电储存起来呢？

有一天，伏特的好友伽伐尼兴奋地告诉伏特他的发现。他在拿着解剖刀解剖青蛙时，青蛙的腿突然跳了起来。这让伽伐尼感到很惊奇，被肢解的青蛙已经死了，为什么会突然动起来？伽伐尼想到过去的研究中曾提到有些动物，如电鳗体内会产生放电，他认为青蛙的肌肉也因为会放电才会突然动起来，并把这种电称为生物电。伽伐尼后来将这个发现告诉其他科学家，大家都觉得这个发现非常神奇。

伏特替他的朋友感到高兴，认为这是划时代的伟大发现之一，是电学研究的一大进展。不过，当他试着重现实验时，却不是那么顺利，其他一些科学家尝试重现也只有部分成功。伏特进一步观察，后来才发现——如果是用两把不同金属的解

剖刀时，蛙腿才会突然出现踢腿的动作。伏特开始怀疑生物电是否真的存在，他认为真正会放电的是金属而非青蛙。

伏特想要收集更多实验结果。他将一枚金币和一枚银币分别顶住舌头，当用导线将两枚硬币连接起来时，舌头感觉有点麻麻的，而且明显感到了苦味，原来这就是触电的感觉啊，他心想。后来他找来一根较长的导线将金币和银币连接起来，这次一端含在嘴里，另一端接触眼皮上部，当接触的一瞬间，他惊奇地感到眼睛居然有产生光的感觉。伏特想，原来金属不仅容易导电，也能产生电，电不仅能使蛙腿产生抽动，还能影响人的视觉和味觉。

接下来为了说服其他的科学家们，伏特认为如果要证明电是从金属来的而非生物，最好的方式就是制造出可以利用金属产生电流又没有生物影响的仪器。

多年研究后，伏特将大量的铜片和锌片交替堆叠起来，中间夹上浸泡过盐水的布。当顶端与底部用导线连接时，就有电流产生。他把两头引出电极并互相靠近，结果"啪"一声产生电火花，这证明了里面有电流产生。

伏特非常高兴，并且将这些结果展示给其他人看，许多人看了也都觉得很感兴趣，在学术界引起巨大的反响。他发明了第一个能稳定供电的电池，而这个发明使人们第一次获得比较强而稳定且持续的电流，科学家们从此之后对静电的研究逐渐转变成对电流的研究，也使电学的研究进入一个蓬勃发展的新时代。

科学大发明——电池

"莱顿瓶"是一个内外包覆着金属箔的玻璃瓶，瓶口上端接着一个金属棒，棒的下端用金属链和内部的金属箔相连。摩擦产生的静电就可以通过金属棒导入内部，外部的金属箔就会携带相反的电荷。只要接通内外的金属箔，电就会释放出来。

我们的祖先在很久以前就已经发现，大自然中有许多能量可以被我们利用，可是"电"这个东西，因为看不到（我们看到的闪电其实不是电，而是光），加上性质比较难以捉摸，所以被人们利用的时间远远晚于风力和水力。

公元前600年，希腊哲学家发现拿皮毛来摩擦琥珀，琥珀就会吸引毛绒或小木屑，这就是所谓的"静电"。到了1745年，一位荷兰人无意中发现，插着铁钉的玻璃瓶可以用来搜集静电。随后莱顿大学的一名教授，也重新做了实验，证实了这样的瓶子确实可以用来"盛装"电荷，之后的人就称此实验装置为"莱顿瓶"。

"莱顿瓶"发明后，引起许多人对于电的兴趣。"莱顿瓶"虽然是一种可以装电的容器，但不能将电转换成其他能量形式如化学能来储存，因此只能算是一种电容器，而不是电池。不过"莱顿瓶"的问世为后续的电学研究和电池发明拉开了序幕。

1786年，意大利医生伽伐尼在实验室中发现，被解剖开来的青蛙腿部竟然还会抽动。他认为这种电和静电不同，称这种电为"生物电"。虽然伽伐尼的推论在后来被证实是错的，不过伏打却受到伽伐尼实验的启发。他发现在两种不同的金属之间，如果搭起可以导电的桥梁，就会产生电流。伏打将锌和铜之间放了浸湿的盐水纸板，发明了人类的第一个电池——伏打电堆。两极通电后产生了电流，说明了电是来自于两种不同的金属。

到了 1859 年，法国人普兰特发明了铅酸蓄电池。这种电池可以充电，在使用上有很大的便利性，运用这种原理的电池在现今仍然是市场上主流的化学电池之一。

1970 年之后，锂电池、可充电的锂离子电池陆续问世，铅酸蓄电池与燃料电池的改良与创新也持续蓬勃发展。如今在我们生活中，电池可以说是无所不在，手机、笔记本电脑以及环保的电动汽车中，都少不了这种重要的储存电能的装置。

发明了人类历史上第一个电池的科学家伏打，以及他所发明的伏打电堆。

发展简史

1800 年

意大利物理学家亚历山德罗·伏打伯爵受到医生路易吉·伽伐尼解剖青蛙实验的启发，发明了人类第一个电池——伏打电堆。

1839 年

英国威廉·格罗夫发现电极通入氢气和氧气后可以产生电，可以说是燃料电池的始祖。

1859 年

法国人普兰特发明了铅酸蓄电池，是第一个可以充电的电池。

1970 年

第一个锂电池上市，1991 年可充电锂离子电池商用化。

电池

科学充电站

电池怎么产生电？

电池可以将储存在内部的化学能转换成电能，由于不同金属的电子活跃程度不同，会使其中一边的电子吸引到另外一边，电子流动就会"放电"。电池的正极与负极用导电的物质（如电线）来接触，使电子从负极经由外部电路跑向正极，电池就通电了。

电池为人类的生活带来了很大的便利，也带动了许多科技产业的进步与发展。电池简单分类，可以分为一次性电池、充电电池和燃料电池。一次性电池放电后就无法再使用，必须丢弃并回收。例如水银电池、锰干电池等。充电电池的化学反应则是可逆的，放电后可以重新充电使用，由外部加入反方向的电流，促使已经发生化学变化的物质恢复成原来的状态，所以可以重复使用。如移动电话和笔记本电脑的锂离子电池、汽车的铅酸蓄电池、手电筒中的铅蓄电池等。

目前热门的电池是氢燃料电池，这种电池是以电化学反应的方式，将化学能转变成电能，它的燃料不是煤炭或石油，而是氢气。氢燃料电池的兴起，也代表人类由现在高污染的化石燃料，转向更环保的能源形式。如不加汽油的氢动力车和氢燃料电池的飞机，完全不会排放废气。在未来，氢燃料电池必将成为重要环保能源。

质子交换膜燃料电池构造与运作原理示意图

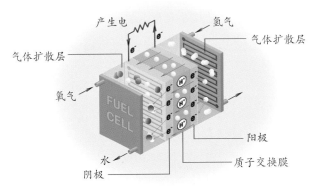

质子交换膜燃料电池是一种以含氢燃料与空气作用产生电力与热力的燃料电池，上方导入氢气与氧气，发电后产生水和热。

莱顿静电瓶

　　莱顿瓶虽然不像电池能将化学能转化成电能，却是最早能够储存电的容器，简单做一个莱顿瓶来感受电吧。

用一只手握着杯子，另一只手则触摸长条铝箔纸，是不是有触电的感觉呢？

材料

塑料杯

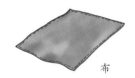

布

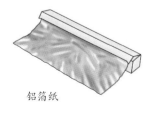

铝箔纸

塑料管

步骤

1 用铝箔纸把两个塑料杯外面包起来。

2 **将铝箔纸** 撕出一个长 7 厘米的长条，将两个杯子叠起来，长条铝箔纸则夹在中间。

3 用布摩擦塑料管后，拿塑料管去接触长条铝箔纸，重复数次。

用什么方法可以产生电呢？

暑假到了，喜欢考古的伊森决定参加一个埃及游学团。一想到可以看到有名的狮身人面像、阴森可怕的木乃伊，还有据说可以连接到宇宙另一个神秘空间的金字塔，伊森就兴奋得睡不着觉。

到了埃及的第一天，领头的考古老师带着大家到尼罗河旁，准备搭船游河。上船后，船夫特意警告大家，说尼罗河中有一种会放电的鳗鱼，电压可以高达 450 伏特，鳗鱼就是用电来防护和攻击猎物的。原本站在船边的伊森，听了船夫的话，

吓得急忙抓紧栏杆，生怕一不小心掉入河中，被鳗鱼电到。

在船只航行途中，伊森满脑子都在想鳗鱼的事。他记得爸妈时常告诉他，家中的电是 220 伏特，小孩子如果被电，那将是非常危险的。而尼罗河中的鳗鱼竟然可以放出 450 伏特的电，真是不可思议。

伊森接着又想到，既然鳗鱼会发电，那么如果把手机和电脑接到鳗鱼身上，不就可以充电了吗？下船后，伊森把他的想法告诉老师，老师觉得伊森的想法十分有趣。老师说："我不知道你的想法可不可行，不过古代的埃及人确实曾经利用鳗

鱼的电来帮人治病，甚至还把这种鱼做成木乃伊呢！"

虽然伊森没有从老师那里得到想要的答案，但是伊森也知道，他不可能随身都带着一条鳗鱼，这样太麻烦了。更何况万一鳗鱼生病了，或是闹脾气不放电，那不就没电可用了吗？

傍晚的开罗突然下起了大雨，天空还伴随着轰隆隆的雷电，伊森的脑海中又浮现出了用闪电发电的点子。闪电虽然有巨大的能量，但是太危险了。伊森马上想到了富兰克林，这位美国科学家非常幸运，他把风筝放飞入闪电中却没有被电死，否则现在美金 100 元纸钞上的人头像可能就不是他了。

经过一连串的思考后，伊森知道，闪电和鳗鱼都不是用来为人类发电的好选择。如果想让人们可以方便地使用电力，就必须发明一种机器，可以在想要用电的时候发电，也就是发电机。

求"鱼"不如求己，伊森想到自己的脚踏车，只要踩动脚踏车前进，车上的灯就会发亮，这样不就可以自己控制发电了吗？为了明白脚踏车的发电原理，伊森把脚踏车上的小型发电机拆开来，发现里面有两块磁铁，两块磁铁之间还有很多由电线整齐地缠绕在一起的线圈。伊森仔细观察，线圈是连接在脚踏车的转轴上，所以当脚踏车转动时，线圈就跟着旋转。

聪明的伊森观察了脚踏车的发电装置后，脑中很快有了推论："如果线圈在磁场中旋转，就可以产生电流。"为了证明他的推论，伊森找了一条电线，并且接上了一个小灯泡，当伊森在两块磁铁之间移动电线时，他发现小灯泡的钨丝瞬间有微微的亮光出现。伊森非常兴奋，他的观察和推论果然是正确的！这下子他可以自己来发电了。

科学大发明——发电机

5000年前，古埃及渔夫在尼罗河中发现有一种鱼，会放出电来保护自己或攻击猎物，古埃及人就利用这种鱼所放出的电（生物电），来治疗患有关节痛的病人，很像今日的电疗法。

这种生物电听起来很神奇，不过其实我们每一个人的身体内也都有这种生物电，人体内的神经传导就是靠这种电，只是我们能产生的电压很微小。电鳗鱼身体内的细胞有数千层，因此可以产生高达好几百伏特的电压。

生物电的限制很多，难以广泛运用在日常生活中。现代人不可或缺的手机、电脑、空调和冰箱都需要稳定的电力供应。1831年，电学大师法拉第发现了电磁感应现象，当闭合电路的一部分导体在磁场中做切割运动时，导线中就会有电流产生。这是人类的一项伟大发明，法拉第由此发明了世界上第一台能产生电流的发电机。

电动机（又称马达）利用电磁感应的原理，让里面的线圈在磁铁的作用下旋转，带动外面的转轴转动。许多电器产品如电风扇、洗衣机等都需要用到。

在法拉第之后，许多发明家也持续努力地研发发电机，其中包括西门子。这位德国发明家在1866年发明出使用电磁铁的直流发电机。7年之后，西门子公司的一名工程师阿特涅设计出第一台交流发电机，这是直流电过渡到交流电的标志。

在交流电的发明运用上，最重要的人就是尼古拉·特斯拉。这位出生于奥地利的电力奇才，设计出了现代的交流电系统，使得交流电的运用大众化，让人们可以更方便地使用电力。1891年他所设计的特斯拉线圈就能产生百万伏特的交流电，之后他也发明了世界第一台无线电发射机，大大提高了无线电通讯的能力，也让近代文明得以快速发展。

1831 年

法拉第利用电磁效应，发明了世界上第一台能产生电流的发电机。

1866 年

德国的西门子发明了使用电磁铁的直流发电机，7年后西门子公司的工程师阿特涅设计出第一台交流发电机。

1879 年

1879年，美国的爱迪生取得直流发电机专利，1882年在纽约架设美国第一个区域电网。爱迪生在1883年把专利授予英国曼彻斯特Mather&platt公司，经过霍普金森加以改良，即为爱迪生－霍普金森直流发电机。

1891 年

特斯拉设计出高频交流发电机，他的特斯拉线圈可以产生百万伏的交流电。

39

发电机怎么产生电的？

　　我们生活中大部分的电能都来源于发电厂，发电厂利用电磁感应的原理产生电。原本电和磁是互不相关的科学研究，不过后来科学家发现了电流的磁效应以及电磁感应，原来电会生磁，磁也会生电。

　　一个导体如果加以通电，电流会在导线周围产生磁场。如果我们在垂直导线的地方铺上一些铁粉，铁粉就会沿着磁铁的方向排列，形成同心圆的形状。如果放上小磁针，小磁针受到磁场的作用，使原本指向南北的方向发生偏转。这就是电流的磁效应（电生磁）。

　　电磁感应是相反的原理。当线圈内场磁发生变化时，线圈会因此产生感应电流，这就是电磁感应（磁生电）。不过与电生磁现象不同，必须是磁场发生变化，才会有感应电流产生。

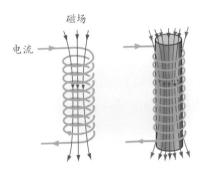

电磁铁是导线绕成线圈，线圈中央加上软铁棒，通电以后会产生磁场，可以吸引铁质物质。

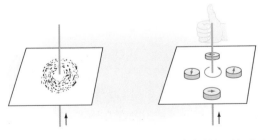

铁粉沿着磁场方顺序排列，形成很多同心圆。

利用右手来判断磁场方向，就是磁针 N 极所指的方向。

　　发电机即是利用电磁感应的原理发明的。利用其他外在的力去推动线圈的转动，使线圈不停感应到磁场变化，产生感应电流，如此就能发电了。为了能给发电机供电，就需要借助其他的能量来使发电机运作，因此就会出现不同的发电方式，常见的有风力、水力、火力、核能等。现在为了要寻求可持续发展与环保的发电方法，太阳能发电、潮汐发电、地热发电等成为各国研究的目标。

动手做实验

微光手电筒

磁场的变化可以使导线产生电流来发电，利用电磁感应的原理，可以制造一个手电筒，不需要装上电池也能发光喔。

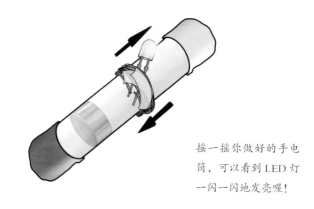

摇一摇你做好的手电筒，可以看到 LED 灯一闪一闪地发亮喔！

材料

LED 灯

胶带

强力磁铁

铜丝

剪刀

粗吸管

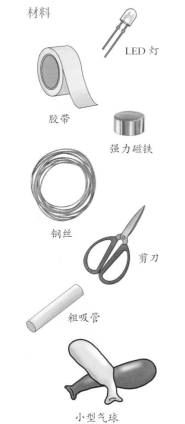

小型气球

步骤

1 将两个小型气球的前段剪下来。

2 将铜丝紧紧缠绕在粗吸管上形成线圈（线圈越多越好），将铜丝线圈两端的线头分别接在 LED 灯的电极上，用胶带将 LED 灯固定在吸管上。

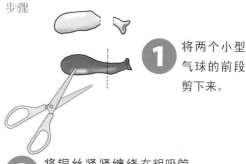

3 在吸管中放入强力磁铁，再用剪下的气球套在吸管末端固定好，使吸管紧紧密封。

可以用阳光代替燃油或电吗？

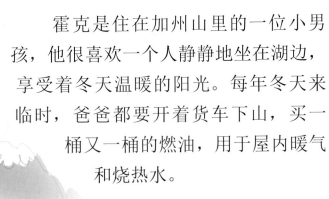

霍克是住在加州山里的一位小男孩，他很喜欢一个人静静地坐在湖边，享受着冬天温暖的阳光。每年冬天来临时，爸爸都要开着货车下山，买一桶又一桶的燃油，用于屋内暖气和烧热水。

学校放假了，霍克一如既往待在他最爱的湖边。他望着天空中盘旋的老鹰，幻想着自己也能像老鹰一样自由翱翔。霍克观

察到，老鹰和他一样，都很
喜欢在太阳最温暖的时候出
来。他记得学校老师教过，老
鹰会利用太阳照热地面后的上升
气流，不用费力振翅，就可以轻松地盘
旋在空中。霍克心中暗自赞叹，老鹰真是聪明，还会
利用太阳的能量，节省飞行的体力。

　　霍克想到自己也会利用太阳，让自己温暖一些。可是，
能不能让太阳的能量帮忙做更多的事呢？他第一个想到的是
家中的暖气，如果有办法利用太阳的热能让屋内暖和起来，
冬天就不必消耗这么多燃油了。霍克想最简单的方法就是把
房子的墙壁和屋顶，改成可以让阳光穿透进来的玻璃，就像

希腊和罗马建筑有许多朝南的窗户一样。

霍克兴奋地跑回家告诉爸爸，爸爸觉得霍克的想法很棒，可是爸爸同时说："晚上没有太阳，屋内还是得烧油来供暖。此外，洗澡用的热水也是非常耗费燃油的！"听了爸爸的话，霍克又开始动脑筋了，该怎么解决这个问题呢？霍克仔细思考后，他觉得可以在屋子旁边打造一个金属的大水塔，里面储满水。白天的时候，阳光照射到水塔，里面的水就会吸热，这样就可以把白天太阳的热储存下来。到了晚上，水塔内温温的水，只要再稍微加热一下，就可以洗个舒服的热水澡。而且水塔如果可以紧临房屋的墙壁，水塔内的温水也可以让房子变得比较温暖。

可是问题又来了，冬天的日照时间比较短，加上水塔能接收到日照的面积也有限，所以储热的效果并不好。该怎么增加储热的效果呢？霍克想到，可以找几面大镜子，架在水塔的四周，把更多的阳光反射到金属水塔上，这样就能增加接收能量的面积。如果进一步把平面镜改成凹面镜，把阳光聚焦到水塔，加热的效果一定更惊人。就像传说中的阿基米德使用凹面镜聚光，烧毁敌人的船舰一样。

伤脑筋的是，从日出到日落，太阳的位置一直在变化，霍克不可能整天站在镜子旁边，随时调整镜子的角度对准太阳。这个问题可是难倒了霍克，连爸爸也想不出办法。霍克只好打电话给加州的伊凡帕太阳能发电厂，请那里的专家帮忙。

伊凡帕电厂的工程师很佩服霍克锲而不舍的研究精神，工程师把一种可以自动追逐太阳的仪器，安装在霍克的平面镜上，就变成了定日镜，这样镜子就会随着太阳自动调整角度。霍克很高兴，他也能利用太阳能了。

科学大发明——太阳能

在我们地球 1.5 亿公里外的太阳，就像是个超级大的核能厂。太阳的核聚变反应，每秒钟可产生 3.6×10^{20} 焦耳的能量，换算成电力大约为 1.7×10^{14} 千瓦时。如果可以把太阳照射地球一小时的能量全部转换成电力，就足以供应全世界一年的用电量。

太阳能的运用可以追溯到很久以前，人们在生活中早已懂得利用太阳来取暖、晒干谷物和衣服，希腊和罗马人在浴池和房屋的建造上也都有利用太阳能量的设计，但是这些都只是太阳能的直接利用，也是最简单的形式。

1839 年，法国物理学家贝克勒尔在实验中意外发现，两片金属构成的伏特电池，在阳光照射下会产生更多的电动势，他把这种现象称为"光生伏特效应"，这可以说是人类首次发现太阳能可以通过某些装置转变成电能。1921 年物理奇才爱因斯坦发表了光电效应论文，并获得了诺贝尔物理学奖。从此"光生电"的研究开始逐步发展，而光电效应最重要的应用就是太阳能电池。现在太阳能电池最多可以将 30% 的光能转变为电能，从计算机、电灯、热水器到人造卫星和火星探测车，都可以看见太阳能的应用。

美国西部莫哈韦沙漠中
的伊凡帕发电站。

美国加州莫哈韦沙漠的伊凡帕山谷，矗立着一座高达100多米的高塔锅炉，从四周20万面镜子反射的太阳光全部聚集在高塔上，将塔内的水转变成高能量的水蒸气，推动涡轮发电。

这种把阳光聚焦来发电的方式称为聚焦型太阳能热发电，利用反射镜或透镜，将阳光汇聚到一个小范围的集光区，就能产生高密度的能量，就像用放大镜聚焦阳光后，可点燃报纸的道理一样。

这种发电方式的最大优点，在于发电过程中几乎没有碳排放，而且还可以利用熔盘存储能量，即使在没有太阳的时候仍然可以用熔盘的余热来发电。不过，这种产生大量反射光的方式却会对生物造成影响，特别是鸟类，鸟类经常会被反射的强光灼伤，甚至死亡。

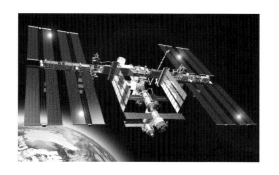

1839 年

法国物理学家贝克勒尔发现伏特电池受到阳光照射时会产生额外的伏特电动势，也就是"光生伏特效应"。

1921 年

爱因斯坦发表光电效应论文，开启了由光生电的研究，逐步发展太阳能的运用。

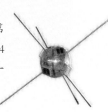

1954 年

美国贝尔实验室中制造出第一个单晶硅太阳能电池，4年后太阳能电池装在先锋一号卫星上，飞向太空。

21 世纪

为了替代石油燃料，现今越来越多的人在积极研究再生能源，如太阳能等。近期太阳能汽车的技术已经越来越进步，在不久的未来可能大量上市。

太阳能电池原理

　　太阳能电池也称为光电池，当阳光照射到半导体薄片时，就会产生电压和电流，所以是光能直接转变成电能，中间并没有储存的过程，因此称为电池其实不太恰当（电池通常是指将预先储存的能量，转变成电能输出的装置），不过现在大家还是习惯称为太阳能电池。

　　太阳能电池主要由 N 型和 P 型半导体组合而成，两者之间形成由 N 端指向 P 端的电场，阳光照射后产生的电子（负电）和电洞（正电），会被电场分别集中在 N 端和 P 端。当电器接上正负电极后，就可获得电能让电器运作起来。

　　大型太阳能电厂的发电量很大，但是对于环境的要求也会相对较高。所以另一个更好的方式就是化整为零，家家户户自己增设小型的太阳能板，并在交通运输上，尽量使用太阳能的工具。因为现在人们推广使用可再生能源，太阳能也成为现代科学家研究的趋势，如今已有很大的进展。太阳能汽车的技术已经越来越进步，在不久的未来可能大量上市，而飞在天上的飞机，也正朝着使用太阳能的方向持续发展。

太阳能电池原理

　　太阳能电池是一种将光能通过光电效应转换成电能的装置。在常见的半导体太阳能电池中，通过适当的设计，便可有效吸收太阳所发出的光，并产生电压与电流。

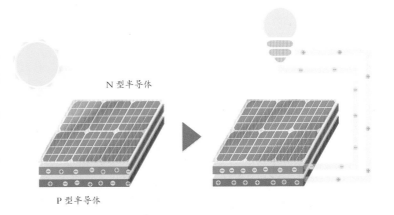

N 型半导体

P 型半导体

动手做实验

太阳能热气球

太阳能散发出光与热，这些能量可以被转换成我们需要的电能等被利用。而且太阳能取之不竭、不会污染环境。我们也可以利用太阳能来做一个玩具。

把气球拿到户外放在太阳下面晒，晒热了的气球就会飞起来了。

材料

黑色大塑料袋
(越大越薄越轻越好)

剪刀　　　　胶带

细绳

步骤

1 留一个塑料袋保持底部接缝完好，把其他塑料袋的底部用剪刀剪掉。

2 用胶带把所有的塑料袋黏起来，如果已经有足够大的塑料袋可以省略这步。

 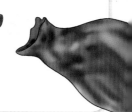

3 在粘好的大袋子里灌满空气，可以用嘴巴、风扇吹，或吹风机吹，然后扎紧袋口。

49

什么物质柔软
耐磨又有弹性呢？

自哥伦布发现新大陆后，许多探险家纷纷远渡重洋前往新世界探险，并且从新大陆带回来许多稀有的特产。这些物资让探险家们大赚一笔，也刺激更多人前往。

科学家拉孔达明也对新大陆的各种新发现深感兴趣，想要一探究竟。准备好一笔出航费用后，终于找到愿意

带他出航的探险船队。他们即将出发前往未知的新世界，拉孔达明感到兴奋不已。

几个月的航程后，船队终于抵达了目的地，拉孔达明很开心能够踏在新大陆的土地上。探险队员继续深入，遇见了当地的印第安人并且与他们交流，拉孔达明惊奇地看着原住民独特的服饰，感受当地的习俗。

忽然，有什么东西打在他头上，他仔细一看，原来是一颗棕褐色大球，在地面上蹦来蹦去。当他捡起来时，发现这颗球竟然软软的，而且很有弹性，是一颗弹力球。拉孔达明好奇地询问这是从哪里取得的，原住民告诉他，弹力球是用一种被称为"橡胶树"所流下的浓稠液体做成的。他们会先用刀子在橡

胶树皮上割出一条刀口，然后用容器收集从刀痕处缓缓流出的乳白色汁液，汁液干燥后，就变成富有弹性的橡胶了。

除了弹力球，这些原住民还会把从树上采集到的橡胶涂抹在自己脚上，等到变干以后，就变成一双合脚的橡胶鞋子，穿上橡胶鞋子可以在森林里活动耕作，不用怕走路奔跑时脚会受伤。拉孔达明觉得这个橡胶很神奇，心想如果能把橡胶带回国内，便可以加工制造许多实用的物品。而且橡胶既软又有弹性，可以方便塑形，在国内肯定很抢手，到时候自己就能大赚一笔了。他割了几棵橡胶树取得橡胶液后，就跟着船队返航了。

然而，当他好不容易带回橡胶准备研究并推广应用时，难以预料的事情发生了。他小心翼翼带回国的橡胶液竟然变得又干又硬，根本没办法做出好玩的橡胶球，或是胶鞋。为了让这些橡胶还原成原本的样子，他几乎绞尽脑汁想了很多方法。不管是加热，还是利用不同溶液做实验，但都行不通。

直到经过另一位发明家固特异的研究后，发现橡胶对温度的冷热反应其实非常敏感。夏天温度高，胶会变得软且湿黏；冬天温度变低，橡胶也会随着变得硬且脆。他不停试着把各种材料拿来与橡胶混合进行实验。有一次，他把橡胶、氧化铅和硫磺放在一起做实验，不小心将混合物接触到高温炉火，结果他惊讶地发现，加热后的橡胶没有变软融化或受热发黏，而是竟然产生了弹性，加热或遇冷都不易分解，弹性也不会消失。发现这个方法以后，固特异终于把橡胶应用在鞋子、衣服等各种物品上，橡胶也被推广出去了。

科学大发明——橡胶

橡胶树产于南美洲的亚马孙热带雨林，在 15 世纪西班牙人哥伦布第一次抵达美洲之前，那里几乎是个封闭的原住民国度，所以橡胶这种奇特的物质，也就没有机会被西方的科学家或发明家看见。虽然当地的美洲原住民把橡胶拿来做成橡胶球和简单的防水涂料，但也仅限于此。所幸橡胶的巨大潜力后来被英、法和美国的发明家看到，他们努力实验突破天然橡胶的限制，橡胶才被广泛应用。但这个橡胶的应用过程也不是这么顺利的。

1736 年，法国人拉孔达明从亚马孙热带雨林带回很多橡胶，准备在法国研究并推广应用。但没想到带回法国的橡胶都变得又干又硬，根本没办法利用，他想尽办法要让橡胶还原成原来的样子，都无法成功。过了一段时间，人们在橡胶材料的改良中慢慢发掘其特性，并且偶然发现可以用作橡皮擦，但其余研究没什么进展。

直到 1834 年，美国人固特异尝试用各种材料与橡胶混合进行实验，他将橡胶和硫磺放在一起做固化实验，却不小心将它们接触到高温的炉火，结果发现加热后的混合橡胶没有变软融化，也不会受热发黏，具备良好的

固特异将天然橡胶混合硫磺之后再将其加热到高温，制成了无论受热或遇冷都不会改变形状的合成橡胶。

使用性能。不仅稳定有弹性，遇冷遇热也不易分解失去弹性。固特异才发现原来橡胶和硫磺一起加热后造成的硫化反应会形成结实稳定的胶体。

在橡胶硫化法和人工合成橡胶问世后，橡胶这种具有高强度、抗蚀、耐磨，而且还具有弹性的物体，就成了人们生活中的重要材料。可不要小看橡胶，橡胶可不只拿来做成皮球、气球或是雨衣雨鞋，高科技的飞机、火箭、卫星和航空飞船也都少不了橡胶这种材料。

充气轮胎也是橡胶材料的应用之一。

发展简史

1736 年

法国科学家拉孔达明从秘鲁带回有关橡胶的详细资料，详述橡胶树的产地、采集乳胶的方法和橡胶的利用情况，引起了人们的重视。

1839 年

查尔斯·固特异发明了硫化橡胶，被称为橡胶之父。

1897 年

英国亨利·尼古拉斯·里德利，发明橡胶树连续割胶法，让橡胶的生产效率大增。

1909 年

德国弗里茨·霍夫曼发明了合成橡胶。之后美国人首次用人工方法合成了与橡胶结构一样的合成天然橡胶，橡胶进入工业化的大量生产时代。

科学充电站

橡胶如何加工制成各种产品？

橡胶能够防水，又具有延展性和弹性，因此能制造出各式各样的橡胶产品，例如橡胶管、橡胶垫圈、轮胎、橡胶布，还有玩具黄色小鸭等。

这么多样的橡胶产品是怎么用橡胶制造出来的呢？压延成型，是橡胶加工的重要工艺之一，橡胶通过两个旋转的转动滚筒的缝隙，可以加工成型为一定尺寸的薄膜。这种加工过程可以提高橡胶的塑性，而且能够自动化生产，具有比较大的生产能力，产品质量也比较好。没有硫化的天然橡胶也能使用这种方法加工，压延成型过程奠定了橡胶加工的基础。

后来，查尔斯·固特异发现将天然橡胶硫化处理可以提高橡胶的硬度与使用的耐用程度。科学家们将硫化橡胶应用到压延机械加工上，就可以很方便地制造出各种橡胶用品。除此之外，将橡胶原料灌入固定的模型中加热，就能够大量制造出橡胶成品。这些技术使橡胶工业逐步形成，橡胶工厂也能大量生产出胶布、胶鞋、胶板等日常使用的橡胶产品。

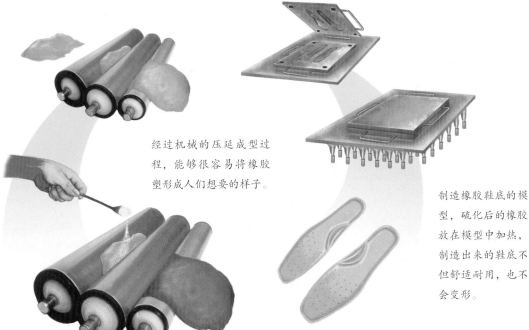

经过机械的压延成型过程，能够很容易将橡胶塑形成人们想要的样子。

制造橡胶鞋底的模型，硫化后的橡胶放在模型中加热，制造出来的鞋底不但舒适耐用，也不会变形。

胶体史莱姆

和橡胶一样，我们制作美术品会用到的胶也是一种树液。我们就用白胶来做出好玩的弹性玩具吧！

胶体凝固后，可以将胶体取出揉捏，手上的胶体就像是柔软的黏泥喔。

材料

滴管

搅拌棒

颜料

水

白胶

搅拌棒

硼砂

胶水

步骤

1 将 2 克硼砂加入 80 毫升的水中，用搅拌棒搅拌至溶解，形成硼砂溶液。

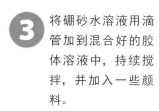

2 将 50 毫升的白胶和 50 毫升的胶水混合。

3 将硼砂水溶液用滴管加到混合好的胶体溶液中，持续搅拌，并加入一些颜料。

注：如果要让胶体更凝固成形，可以慢慢加入更多硼砂水溶液看看。

有什么材料可以 替代象牙呢？

　　很早之前的台球大多是由象牙打磨制造出来的，象牙数量越来越少，价格越来越高，包含台球在内的许多东西都没办法生产了。于是，有人悬赏1万元，征求制作台球的最佳

替代品，希望能够替代象牙材料。

凯悦看到这则消息后，也想赢得这笔奖金。凯悦仔细思考分析，台球必须足够坚硬才能进行碰撞，所以需要寻找硬的材料，只是要用什么材料才适合呢？

木头似乎是不错的选择，但是木头容易被虫蛀，也容易受潮腐烂，这样会影响到球的质量。用金属做的话就不怕虫蛀或腐烂了，但是铁球即使做得很小也还是太笨重，大家需要费很大的力气来击打，球滚动的距离却很短，这样击打实在太吃力了。

由于没有比较轻巧的金属，所以凯悦认为金属可能不是适合的材料。有又轻盈又坚固的非金属材质吗？石头的重量与金属相差不远，沙子无法聚合成球状，泥土球表面也不够坚硬。这时他忽然想到，泥土如果经过窑厂烧烤后变成陶瓷器，就不容易裂开了，重量也比金属轻。于是他找了陶艺工人帮忙用陶瓷材料制成一颗小球，内部中空可以减轻重量，摸起来也很坚硬，他想应该可以试试看。

他用制好的陶瓷球来试打，结果一出手他就后悔了。陶瓷球一经碰撞后，立刻破碎成片，他才知道到陶瓷根本经不起碰撞。凯悦重新思考，玻璃也跟陶瓷一样经不起碰撞，使用实心玻璃球也许不会一碰就碎，但是表面容易产生裂痕磨损，显然是不能用来当台球的。

凯悦陷入苦思，还有什么材料是坚硬、质轻又耐撞的呢？他到处去寻找材料，后来他想既然找不到适合的天然材料，那就自己合成出来吧。他想到过去曾有人尝试用摄影使用的火棉胶干燥后的固体残留物制造出人工合成的硝化纤维。这种材质可以随意做成自己想要的形状，固化后会变得坚硬且耐得起碰撞。

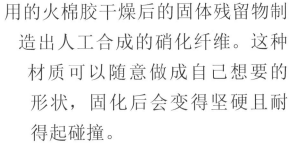

就用这个新材料试试看吧。凯悦将材料进行各种化学反应，经过许多次试验，合成后塑形固化成台球。这种球不重，

坚固耐用又不怕碰撞，很适合打台球。之后他又改进合成方式使这种材料可以更便宜简便地制造出来，还可以大量生产，成为最适合替代象牙的台球材料。凯悦顺利用这种材料制作出了更廉价的台球，如愿以偿地获得了奖金。因为是用硝化纤维制造出来的，他将这种人工材料命名为"赛璐珞"，这也是世界上第一个被制造出来的塑料制品。

科学大发明——塑料

我们的生活中很多用品都有塑料：原子笔、灯具、冰箱、手机、电脑、脚踏车、包装袋……实在多不胜数，塑料确实为我们的生活带来很大的便利。

在19世纪以前还没有发明塑料时，人们只能使用牛角、象牙和龟壳来制作杯子与梳子等用品。到了1870年，约翰·凯悦利用天然的高分子纤维素和樟脑，合成出"赛璐珞"，这种具有可塑性的树脂，被用来制作眼镜框架、钢笔和底片，为塑料的应用拉开了序幕。今日我们使用的乒乓球，大部分也都还是由赛璐珞制成的。

1907年美国化学家列奥·贝克兰以苯酚和甲醛做成"酚醛树脂"，俗称电木，用来制作黑胶唱片、电话机壳和电的绝缘体。至今酚醛树脂仍是许多机器产品不可或缺的材料。电木和赛璐珞这两种早期的塑料，在自然环境中还可以分解，不会成为万年垃圾。

按照现在的定义，"塑料"是指由人工合成的高分子物质。现代塑料的发展始于德国化学家斯陶丁格，他在1920年提出由小分子通过化学键的链接，变成更大的分子，也就是高分子聚合的概念，让塑料的研发快速发展。

随后聚氯乙烯（PVC）、聚乙烯（PE）、铁氟龙（PTFE）、聚对苯二甲酸、乙二醇酯（PET）等高分子聚合物陆续问世，并且被广泛应用在工业和生活上。现今这些塑料的原料大多是从石油中提炼而来的。这些原料在经过人工聚合之后，就可以制作成各种塑料产品。

不同种类的塑料，其特性不同。为了方便资源回收，国际上有一套塑料分类的通用编号系统有助于分辨塑料种类。

1870 年

第一个商业化的半合成塑料"赛璐珞"问世。

1907 年

电木（酚醛树脂）被用来制作黑胶唱片和电话机外壳。

1920 年

德国化学家斯陶丁格提出塑料以高分子聚合做为制作原料的概念。

1926 年

各式塑料陆续被开发与广泛应用 (PVC、PE、PTFE、PET、PS、PP 等)。

科学充电站

我们使用的塑料是从哪里来的？

　　今天我们生活中的塑料，大部分都是来自石油化学工业。在石化工业的蓬勃发展下，塑料以其价格便宜、轻巧方便、防水抗触等优势，加上可以容易地制作成任何形状与颜色，因此塑料几乎占据了我们衣食住行的各个层面。

　　过去我们生活中所使用的材质，包括兽皮、陶骨、陶土、植物纤维和木材等，大都源于天然，最后可以自然分解。但是完全由人工合成的塑料，就很难分解。像 PE 塑料袋需要 10 年以上才会分解；塑料瓶更久，至少要 30 年以上；至于制作大黄鸭的 PVC，几乎永远不会分解。因此大量的塑料废物将会对地球环境和生物造成长远的影响，我们在享受塑料产品的便利之时，也要好好落实塑料回收和减量的工作，或是改用生物可以分解的淀粉塑料，让我们的地球可以永续发展。

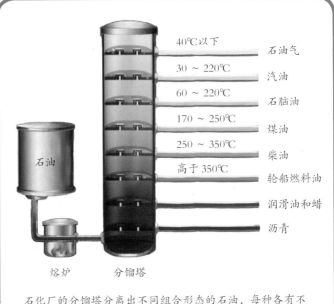

40℃以下	石油气
30 ~ 220℃	汽油
60 ~ 220℃	石脑油
170 ~ 250℃	煤油
250 ~ 350℃	柴油
高于 350℃	轮船燃料油
	润滑油和蜡
	沥青

石油

熔炉　　　分馏塔

石化厂的分馏塔分离出不同组合形态的石油，每种各有不同用途。塑料的主要成分是分层上较轻的石油，经过热裂解反应后产生的碳氢化合物。

可爱塑料装饰

热塑性塑料受热以后会软化，可以塑形改变形状，我们可以做成趣味又有创意的装饰喔。

烘烤直到塑料片彼此黏合后，拿出来冷却，从饼干模型中轻轻取下，就是个漂亮的塑料装饰了。

步骤

材料

塑料盘 (6 号)

剪刀　　奇异笔

锡箔纸

饼干模型

烤盘

1 塑料盘用奇异笔涂满颜色后，用剪刀剪成许多0.5～0.7厘米长的塑料片。

2 剪下的塑料片平铺在锡箔纸上不要重叠，放在烤盘上在烤箱内烘烤。

3 塑料片开始慢慢变形缩小，直到塑料片不能再缩小时从烤箱拿出来冷却。

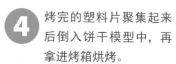

4 烤完的塑料片聚集起来后倒入饼干模型中，再拿进烤箱烘烤。

有轻柔又不易破损的衣服材质吗？

小梅是家里唯一的小女孩，妈妈和姥姥都很疼爱她，经常会买漂亮的新衣服给她穿，所以小梅的衣柜中挂满了衣服。小梅发现，妈妈和姥姥买的每件衣服，穿在身上的感觉都不太一样：有些衣服比较吸汗；有的衣服很轻，有些衣服在冬天干燥的天气下很容易产生静电。只要她穿、脱那种衣服，或是身穿那种衣服开门，或和别人牵手时，就会突然"啪"的一声被电到，害得她后来好一阵子都不敢再穿那种衣服。

　　每次要出门前，小梅都很伤脑筋，该穿什么样衣服才会比较好呢？通常小梅要去运动的时候，她会穿上姥姥买的棉制衣服，因为棉衣比较吸汗。不过流汗很多的时候，吸了汗的棉衣会贴在身上，很不舒服。另外，棉衣穿久之后就会松垮变形，也容易磨破，甚至还会泛黄变色。

　　妈妈在服装店买的衣服就不一样了，这些衣服材质太多都是聚酯纤维。相较于棉衣，这种衣服比较轻，弄湿后也很容易就干了，而且这种衣服不会轻易变形变色，可以穿很久。不过这种材质的衣服质感比较硬，穿在身上没有棉衣柔软舒服。最可怕的是，这种衣服在干燥的天气下很容易产生静电，穿、脱衣服的时候就会发出劈哩啪啦的声音，在黑暗中还可以看见放电的火花呢！

　　"有没有哪一种材质的衣服，轻巧、柔软、耐脏、耐磨、

不易破，然后又不容易产生静电呢？"小梅思考着。有一天，小梅的表哥、表妹来到家里，表妹的双腿上穿着丝袜，小梅觉得漂亮极了，她忍不住向表妹借来看看。当小梅把丝袜拿在手上的时候，她发现丝袜好轻好软，更令她惊讶的是，丝袜变得好小，看起来完全不像可以穿在表妹长长的双腿上的，这小小的丝袜实在让小梅觉得很不可思议。

表妹看小梅这么喜欢，就说可以买一双新的送给她当礼物。一个星期后，小梅收到了表妹寄来的礼物——一双漂亮的丝袜。小梅开心极了，她迫不及待地打开来看，虽然丝袜看起来很小，但是却弹性十足，撑开来能够将她的双腿完全包覆。小梅查看包装说明，发现原来袜子是用尼龙这种材质做成的。

尼龙究竟是什么样的材质，竟然能有如此强韧的弹性？表哥告诉她尼龙是一种人造纤维，是人工制造的聚合物，就像塑料一样。科学家在试着找出更好的材质做衣服时，就发明了尼龙。表哥又说，其实在学校里的实验室也可以制造出尼龙。小梅听了很兴奋，表示自己也想做做看。

　　经过老师同意之后，表哥带小梅来到学校的化学实验室。他拿出许多种不同的化学药剂，小梅看着表哥像变魔术般，将几种不同的药剂倒在烧杯中。接着，表哥拿出镊子要小梅从里面夹夹看，小梅在溶液中夹出一些看起来有点白又有些透明的丝线。小梅继续往上拉，结果发现越拉越长，都拉到比她还高了。表哥笑着说："这种材质就是尼龙，加工后就可以做成你拿到的丝袜，现在你也会做了喔！"

科学大发明——尼龙

　　人们穿衣服的历史至少可以追溯到距今约 250 万年前的旧石器时代。古人用来制作衣服的材料大致可以分为动物皮毛和植物纤维两种。动物皮毛虽然比较保暖，但是如果处理不好，容易发霉腐烂。更重要的是，要取得动物的皮毛很不容易，特别是那些凶猛的掠食动物，如虎、狼和熊等，人类有时还会成为它们的盘中餐呢！相对来说，植物纤维的取得就容易多了，像是树叶、树皮与藤蔓等。不过这些天然材料损耗得很快，几年或是几十年就会自然分解。从舒适度的角度来看，如果我们现代人穿上祖先们制作的衣服，一定会觉得既粗糙又不舒服。

　　随着人类编织技术的进步，亚麻、棉花、蚕丝等材料被用来制作衣服，这些材质做出的衣服更美丽，穿着更舒

美国人华莱士·卡罗瑟斯发明的尼龙纤维强韧度很高，适合做成丝袜和尼龙绳、尼龙线。

服。不过这些天然纤维仍需要从特定的动植物身上取得，因此后来就有人尝试用人工的方来制造纤维，例如由一般植物纤维加工制造出来的黏胶纤维，以及后来的尼龙和聚酯人造纤维。

1935 年，由美国杜邦公司的华莱士·卡罗瑟斯领导的研究团队，将己二酸与己二胺聚合，并拉伸制造成为纤维。因为两种原料都各有 6 个碳原子，所以称为"尼龙 66"，是世界上第一种完全由人工合成的纤维。尼龙纤维制作的衣物优点很多，弹性、强韧度和耐磨性都比其他纤维大，因此应用十分广泛从民生用的衣服、蚊帐、渔网到军事用的帐篷和降落伞，甚至连月球上的美国国旗，都是由尼龙制成的。

今日的尼龙材料甚至可以替代金属，用来制造机器和汽车中的齿轮、轴承和螺丝等零件，难怪它被称为"近代最神奇的材料"之一。

发展简史

公元前 2700 年

相传黄帝的元妃嫘祖教导百姓养蚕抽丝，织造丝绸。

1891 年

俗称人造丝的黏胶纤维问世，是一种经过加工的再生纤维。

1935 年

美国杜邦公司的华莱士·卡罗瑟斯研究团队发明了尼龙的原料（聚酰胺纤维）。

现今

尼龙 6、尼龙 11、尼龙 12、尼龙 610 等各式尼龙产品问世。

科学充电站

尼龙的材料是怎么来的？

尼龙是用途十分广泛的人造塑胶。如果我们把电风扇或是汽车拆解开来，可以发现里面有许多零件都是由尼龙制成的。现代人身上穿的一些时髦服装，材质也是尼龙。不过尼龙也是一种合成纤维，在环境中也不容易分解，容易累积在环境中造成环境污染。而且用火焚烧尼龙会产生有毒的烟雾，对我们的健康造成危害，也会造成碳排放量增加，让全球暖化的问题雪上加霜。

因此现在有人研发出"植物尼龙"，用天然植物取代石油原料，更环保。其中蓖麻就是一种很好的原料，从蓖麻的种子榨取出来的蓖麻油，可以经过化学反应，把蓖麻油转化并进行高分子聚合反应，就可以做成生质尼龙。

生质尼龙经过抽丝纺织后，就能成为我们身上穿的衣服和各式各样的尼龙纺织品。可别以为由植物做成的生质尼龙会比较脆弱，生质尼龙反而比一般的尼龙更耐磨，而且重量更轻。这种由植物原料提炼合成的尼龙在碳排放量上比石化尼龙少了约一半，因此虽然制作成本比较高，但是更环保，除了可以大幅减少二氧化碳的排放量外，也有利于尼龙产品的回收分解，值得我们大力推广！

由蓖麻种子榨取出来的蓖麻油，制成环保的生质尼龙。

牛奶塑胶

尼龙是一种可以在实验室中利用化学反应聚合而成的塑胶。除了尼龙以外，我们其实也可以用牛奶当作原料，通过化学反应做成环保的牛奶塑胶！

将这团白色胶体揉捏成你喜欢的形状，干燥后就会变成环保塑料。

材料

牛奶

烧杯

酒精灯

搅拌棒

醋

纸巾

筛子

步骤

1 准备 300 毫升的牛奶，放在酒精灯上加热直到沸腾。

2 将 80 毫升的醋倒入牛奶中，再用搅拌棒搅拌，直到形成白色胶体。

3 用筛子把白色胶体过滤出来，如果水分太多，可以用纸巾把水吸干一点。

壁虎脚掌和莲叶上有什么秘密？

小米是个身材很娇小的孩子，他很羡慕那些长得又高又壮的同学，可是在大学担任教授的爸爸经常对他说，"小"不是缺陷，有时候小的东西，反而有神奇的大用处呢！

听了爸爸说的话，小米经常思考：到底小东西有什么神奇的呢？忽然他听到头上传来一个声音，抬头一看，原来是一只壁虎在天花板上。壁虎为什么不会掉下去呢？难道是壁虎的脚上有吸盘吗？为了一探究竟，小米踩上桌子，小心翼翼地捉住壁虎，再用放大镜来观察

壁虎的脚趾，但是并没有发现像吸盘一样的构造。

　　小米满脑子疑惑，带着壁虎走到屋外的池塘边。刚下过一场大雨，池塘边的植物叶子上都布满了水渍和泥土，可是莲叶上却是干净无瑕，一点儿泥巴都没有。另外，小米还观察到，莲叶上的水都呈现完美的圆珠状，和其他叶子上散开的水渍很不一样。

　　小米决定发挥实验精神，他马上摘了一片莲叶下来，把泥巴水往叶子上洒，泥巴水一下子就从莲叶上滑落下来；小米跑回家拿写书法的黑色墨汁洒在莲叶上，结果也和泥巴水一样，墨汁没有将莲叶弄脏。小米兴奋地跳了起来，他思考着，如果可以把莲叶的奥秘解开，一定可以应用在生活中的许多地方。衣服和鞋子要是能和莲叶一样，下雨天的时候他就可以开心地去踩水坑和泥巴，也不会把鞋子和衣服弄脏，回家就不会挨妈妈骂了。

小米手中的壁虎动了动，让小米的思考又回到壁虎身上。他联想到，如果人可以像壁虎一样，直接攀爬在摩天大楼的墙面上，那就真的太酷了。全球的大城市有越来越多的摩天大楼，这些大楼都会定期雇用工人来清洗外墙和玻璃。工人们用绳索吊挂在高楼外，有时会受到大风的影响，在空中被吹得险象环生。曾经就有工人在 91 层大楼外被强风吹荡得像蛇摆一样，差点发生意外。如果工人可以像壁虎一样，稳稳地吸附在外墙上，那不就安全多了吗？

为了解开莲叶和壁虎的奥秘，小米跑去学校的生物教室，利用光学显微镜观察莲叶和壁虎的脚。可是显微镜的镜头下只能看到莲叶的表皮细胞组织和壁虎脚上的褶皱皮肤，实在没有办法解释为什么。小米回到家后将自己遇到的麻烦告诉了爸爸，听了小米的探索过程后，爸

爸笑着说："要解开莲叶和壁虎的小秘密，一般的光学显微镜放大倍率是不够的。"爸爸带着小米走进大学的物理实验室，指着一台电子显微镜说："让我们一起来揭开莲叶和壁虎的秘密吧！"

在电子显微镜下的微小世界让小米惊呆了，原来莲叶上的绒毛布满了极细小的突起蜡质，难怪水滴无法沾附上去；壁虎的脚趾上则是有成千上万根的小细毛，所以它可以紧紧地吸附在墙壁上，不会掉下来。

爸爸告诉小米，这种极细小的尺寸被称为"纳米"（1 纳米 =10^{-9} 米），现在很多科技都是在这种尺度下研究的，被称为"纳米科技"。像莲叶和壁虎脚掌的细毛也被应用在纳米科技上，例如可以防洪水的纳米衣服就是纳米科技下的产物。科学家们现在也还在做更多研究，大力发展纳米科技。

科学大发明——纳米科技

　　1959 年，诺贝尔物理学奖得主理查德·费曼在美国物理年会演讲中，提出了一个大胆又引人无穷想象的概念："如果有一天，人们可以把整套百科全书的资料，储存在一根针大小的空间内，并且能够控制移动原子与分子，这样的科技会给世界带来什么呢？"理查德·费曼意指，在眼睛看不见的微小空间内，还有很多发展的空间。费曼可以说是开启了纳米研究的序幕，因此也被尊称为"纳米之父"。

　　1962 年，日本物理学家久保良武发现了"金属超微粒的能量不连续"现象。这个重大的发现让科学家们开始了解物质在纳米尺寸之下的性质会和原本的大不相同，也引发了许多科学家对于纳米粒子的广泛研究。

　　1989 年，伊格利用扫描穿隧显微镜探针，将 35 个氙原子排列成"IBM"三个字母，展示了人类能够移动个别原子与分子的能力，真正实现了 30 年前理查德·费曼所提出的概念。

　　1990 年贝尔实验室发明出跳蚤大小的纳米机器人，同年第一届国际纳米科学与技术学术会议在美国巴尔的摩召开，提出纳米材料学、

从电子显微镜下看莲叶上有许多极细小的纳米级突起，使水珠凝聚起来不会散开，也不容易沾染脏污。

纳米电子学、纳米机械与纳米生物学等领域。随后 1991 年日本的饭岛澄男观察纳米碳，发现其管状结构与一般颗粒状的碳粉有很大的差异。自此之后，世界科技大国竞相在民生、军事、工业和医学等领域全面发展纳米科技。

纳米究竟有什么神奇的地方呢？纳米可不是让东西变小而已，在我们肉眼可以看到的宏观世界中，东西的基本性质通常不会因为它的大小而改变，如大颗粒的食盐和小颗粒的食盐，性质几乎相同。可是当物质一直缩小等级时，因为量子效应、小尺寸效应或是比表面积效应，就会展现出与原来极为不同的特性。所以当物质缩小成纳米材料后，就具有许多的发展可能和应用潜力。

用纳米科技术做的布料可以让水珠或脏污不容易附着或吸附在衣服上，达到防水、清除污渍的效果。

⌛ 发展简史

1959 年

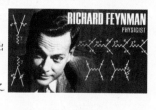

理查德·费曼提出纳米研究的构想，被尊称为纳米之父。

1985 年

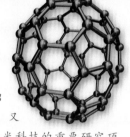

化学家哈罗德·沃特尔·克罗托博士和科学家理查德·斯莫利在莱斯大学制做出"C60"球形分子，又称为巴克球，是纳米科技的重要研究项目。

1991 年

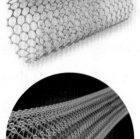

日本饭岛澄男观察到纳米碳的管结构，表示纳米碳迥异于一般颗粒状的碳粉。自此之后，纳米科技在各领域蓬勃发展。

未来

科学家正在研究可以进入人体内执行医疗行为的纳米机器人，未来将可以更准确地在特定部位进行治疗。

为什么壁虎脚上沒有吸盘，却能在墙上攀爬不会掉下来？

　　电影中蜘蛛人飞檐走壁的神奇功夫，是不是让人很羡慕呢？现在在纳米科技的帮助下，我们真的可以像蜘蛛人一样，直接攀行在垂直的墙面上。美国斯坦福大学的研究团队，模仿壁虎脚掌上的刚毛，制作出仿生壁虎足的黏附装备，成功地让人可以在光滑的玻璃墙上垂直爬升！

　　壁虎在天花板上行走时，为什么不会掉下去呢？奥秘就在于壁虎脚掌上有200~500纳米的角蛋白质毛发，也称为刚毛。壁虎的每双脚趾上，都有上百万根的刚毛，这些接近纳米尺寸的刚毛可以产生近百公斤的吸附力，远远超过壁虎的体重，所以壁虎可以稳稳地攀行在天花板和墙壁上。

　　纳米科技让我们对未来充满了想象与期盼，许多目前难解的问题，未来可能可以通过纳米科技，找到解决的良方。例如癌症细胞，科学家正在努力研究"纳米剪刀"，它可以进入细胞内，剪断有问题的基因；还有一种纳米胶囊，专门用来攻击癌细胞的线粒体，阻断癌细胞的能量供应。如果这些技术可以成功，那么癌症将不再是绝症，成千上万的病人就有机会重获健康。

壁虎的脚趾上有极细小且接近纳米尺寸的刚毛，可以轻易吸附在墙壁上，让壁虎能够轻松攀爬。

纳米碳粉

　　纳米有许多很神奇的特性，它可以做出防水、防油并自我清洁的玻璃，它还有什么其他功能呢？我们来做一个会变色的纳米物品，来一探究竟吧！

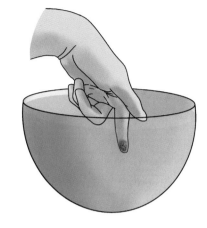

用手指沾一些碳粉后，将手指插入水中，看看手指上有什么变化。

材料

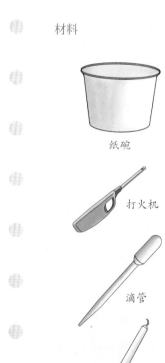

纸碗

打火机

滴管

蜡烛

步骤

1 用打火机点燃蜡烛，把装水的纸碗放到烛火上。会发现纸碗不会烧起来，但是燃烧的地方被熏黑了。

2 移动纸碗，使纸碗底部均匀被烛火熏黑，如铺上一层薄薄的黑膜。把水倒掉将纸碗倒过来看，会发现上面有薄薄的碳粉。

3 用滴管滴几滴水到熏黑的纸碗底部，会发现什么？水珠是不是聚成圆粒不塌陷？